BEI GRIN MACHT SICH IHR WISSEN BEZAHLT

AF157266

- Wir veröffentlichen Ihre Hausarbeit,
  Bachelor- und Masterarbeit

- Ihr eigenes eBook und Buch -
  weltweit in allen wichtigen Shops

- Verdienen Sie an jedem Verkauf

Jetzt bei www.GRIN.com hochladen
und kostenlos publizieren

Bibliografische Information der Deutschen Nationalbibliothek:

Die Deutsche Bibliothek verzeichnet diese Publikation in der Deutschen National-
bibliografie; detaillierte bibliografische Daten sind im Internet über http://dnb.d-
nb.de/ abrufbar.

Impressum:

Copyright © 2013 GRIN Verlag, Open Publishing GmbH
Druck und Bindung: Books on Demand GmbH, Norderstedt Germany
ISBN: 9783656604426

Dieses Buch bei GRIN:

http://www.grin.com/de/e-book/269330/kaffee-vom-exklusiven-handelsgut-zum-
lifestyle-produkt

Jutta-Verena Schulze

Kaffee. Vom exklusiven Handelsgut zum Lifestyle-Produkt

GRIN Verlag

GRIN - Your knowledge has value

Der GRIN Verlag publiziert seit 1998 wissenschaftliche Arbeiten von Studenten, Hochschullehrern und anderen Akademikern als eBook und gedrucktes Buch. Die Verlagswebsite www.grin.com ist die ideale Plattform zur Veröffentlichung von Hausarbeiten, Abschlussarbeiten, wissenschaftlichen Aufsätzen, Dissertationen und Fachbüchern.

Besuchen Sie uns im Internet:

http://www.grin.com/

http://www.facebook.com/grincom

http://www.twitter.com/grin_com

Kaffee
Vom exklusiven Handelsgut zum Lifestyle-Produkt

Jutta-Verena Schulze

Inhaltsverzeichnis

Einleitung

Der Kaffee zum Frühstück, in der Mittagspause an der Arbeit, zum Feierabend oder mit Freunden zwischendurch – Kaffee gehört zum alltäglichen Leben dazu. Und wenn die Zeit für das gemütliche Kaffeetrinken mal fehlt, dann folgt der Griff zum Coffee to go. Kaffee ist allgegenwärtig und doch ist keinem so recht bewusst, was Kaffee ist, wo er herkommt und welch lange überlieferte Historie er durchlaufen hat.

Kaffee ist nicht gleich Kaffee. Diverse Varianten, von Latte Macchiato bis hin zum Caffé Crema, bestimmen die Karten von Cafés, Bars und Restaurants. Diese Lifestyle-Produkte haben den Filterkaffee schon lange überholt.

Kaffee ist ein Gut mit langer Geschichte. Sie reicht von der Entdeckung, über die nur Legenden berichten, bis hin zu politischen Aspekten unter Friedrich dem Großen. Um den Kaffee hat sich eine eigene Kultur gebildet. Trotz des bitteren Geschmacks hat der Kaffee eine Entwicklungsgeschichte hinter sich, deren Wiederholung man vergeblich sucht.

Vom Getränk der Reichen zum Lifestyle-Produkt ganzer Bevölkerungen – die Spannweite ist erstaunlich.

Die folgende Arbeit thematisiert die Biographie des Kaffees, den Anbau und die Herstellung und stellt die kulturelle Entwicklung des Kaffees durch einen Vergleich der frühen Kultur mit der heutigen Lifestyle-Kultur dar.

Literatur über Kaffee zu finden stellt ein Problem dar, da sich bisher viele Schriftsteller zwar mit der geschichtlichen Entwicklung des Kaffees beschäftigt haben, allerdings nie einen Überblick über die kulturelle Entwicklung gegeben haben. Es wurde sich dadurch beim Verfassen dieser Arbeit maßgeblich auf drei literarische Quellen beschränkt. Ausgewählte Internetseiten stützen die Aussagen der Literatur.

Ein Kapitel über Informationen zur Pflanze und ein weiteres Kapitel zur historischen Entwicklung liefern das Grundverständnis für die spätere Entwicklung einer eigenständigen Kultur.

Letztendlich soll die vorliegende Arbeit die Entwicklung der Kaffeekultur in den letzten 200 Jahren darstellen.

2. Kaffee - von der Pflanze zum Kaffeepulver

2.1 Botanik und Kaffeearten

Der Kaffeebaum, auch Coffea genannt, gehört zu den Rötegewächsen (Rubiaceae). Je nach Art erreichen die Bäume eine Höhe von sechs bis acht Metern, bei Coffea liberica sogar 18 Meter. Das Besondere an Kaffeebäumen ist, dass Blüten und Früchte gleichzeitig auf ein und demselben Zweig vorhanden sein können (Neuberger 1988, 8). Die Früchte brauchen acht bis zwölf Monate, bis sie reif sind. Zu Beginn sind sie noch grün, mit Verlauf der Reifung wechseln sie ihre Farbe über gelb zu rot. Die Samen in Form der Kaffeebohnen befinden sich im Fruchtfleisch der Kaffeekirschen (Neuberger 1988, 8).

Es gibt mehr als 60 Kaffeearten, aber nur vier davon werden wirtschaftlich genutzt und gehandelt (Neuberger 1988, 10). Diese vier Sorten sind Coffea arabica, Coffea canephora, Coffea excelsea und Coffea Liberica. Coffea arabica, umgangssprachlich auch als Arabica-Bohnen bekannt, ist qualitativ hochwertig, relativ koffeinarm und nimmt einen Anteil von rund drei Vierteln der Weltproduktion ein. Coffea canephora, bekannt als Robusta, ist im Anbau wesentlich empfindlicher als Arabica. Die Sorte Robusta liefert deutlich weniger Erträge, deren Qualität noch dazu geringer ist als die des Arabica-Kaffees. Im Vergleich zum Arabica ist der Koffeingehalt deutlich höher. Kaffee der Sorte Robust macht ungefähr ein Viertel der Weltproduktion aus. Coffea excelsea und Coffea liberica spielen eine untergeordnete Rolle, sie gelten als Nischenprodukte (Neuberger 1988, 10).

Kaffeepflanzen sind sehr sensibel und benötigen für ihr Wachstum bestimmte klimatische Bedingungen. Aus diesem Grund findet der Großteil des Kaffeeanbaus in Ländern in Äquatornähe statt. Zusammengefasst werden diese Länder als Kaffeegürtel bezeichnet (Zietemann 2011, 14).

2.2 Anbau

Meistens werden Kaffeebäume in Baumschulen ausgesät. Ab einer Höhe von 40 bis 50 Zentimetern werden die jungen Bäume auf die Plantagen umgepflanzt. Viele Schädlinge stellen eine immense Gefahr für die Bäume dar. Eine weitere Gefährdung besteht durch den sogenannten Kaffeerost, eine Pilzerkrankung. Erkennbar ist ein Befall an rosaroten Flecken auf den Blättern. Kaffeerost befällt bevorzugt die hochwertigen Arabica-Pflanzen (Neuberger 1988, 74).

2.3 Ernte

Die Hauptblütezeit liegt im April und im Mai. Zum Reifen brauchen die Früchte etwa acht bis zehn Monate. Sind die Kaffeefrüchte voll ausgereift, werden sie von Hand gepflückt. Nach der Ernte wird der Kaffee aufbereitet, wobei zwei gängige Verfahren angewendet werden können (Neuberger 1988, 75).

2.4 Aufbereitung

Unterschieden wird zwischen der trockenen und der nassen Aufbereitung.

Bei der trockenen Aufbereitung werden die Früchte, auch Kaffeekirschen genannt, auf dem Boden ausgebreitet. Sie trocknen dann zwischen 6 und 15 Tagen durch Luft und Sonne. Nach dem Trocknen werden die Früchte in eine Schälmaschine gegeben, die das Fruchtfleisch, die Pergamenthaut und, sofern möglich, das Silberhäutchen entfernt. Der erste Schritt der Rohkaffeeherstellung ist damit vollbracht. Im Anschluss wird der Rohkaffee durch Verlesen und Sieben von Rückständen und Verschmutzungen gereinigt (Neuberger 1988, 75). Dieser Prozess geschieht heute überwiegend maschinell.

Die nasse Aufbereitung durchlaufen meist nur die hochwertigen Kaffeesorten, da sie wesentlich aufwändiger ist. Die Kaffeekirschen kommen zuerst über Nacht in Quelltanks, wo sie sich mit Wasser vollsaugen. Anschließend durchlaufen die Früchte sogenannte Pulper. Diese Maschinen entfernen das Fruchtfleisch, den sogenannten Pulp. Die noch verbleibenden Fruchtfleischreste werden vergoren. Ist der Pulp entfernt, werden die Bohnen in fließendem Wasser gewaschen, bis sie sauber sind. Die Bohnen werden nun auch getrocknet und als letzter Schritt wird die Pergamenthaut entfernt (Neuberger 1988, 77).

Bei hochwertigen Kaffeesorten werden die Bohnen von Hand nach Bohnengrößen sortiert. Fehlbohnen werden dabei aussortiert. Diese Bohnen werden nicht als Schüttgut ausgeliefert, sondern sorgfältig für den Transport in Säcke gefüllt.

Die Röstung des Kaffees erfolgt erst im Empfängerland, da schon 24 Stunden nach der Röstung der Geschmack verloren geht und eine Woche danach auch das Aroma deutlich abnimmt. Bei den teils sehr langen Transportwegen würde der Kaffee ohne Aroma und Geschmack im Empfängerland ankommen und wäre nicht mehr brauchbar (Neuberger 1988, 77).

2.5 Rösten und Mahlen – von der Bohne zum Pulver

Erst das Röstverfahren entfaltet das volle Aroma des Kaffees. Durch Heißluft werden die Kaffeebohnen trocken und fettfrei erhitzt. Je nach Dauer und Temperatur hat die geröstete Charge ein individuelles Aroma. Nach dem Rösten werden die Kaffeebohnen sofort abgekühlt (Zietemann 2011, 32). Da die Bohnen nach dem Röstvorgang noch zwischen zwei Stunden bis hin zu zwei Monaten ausgasen, werden sie sofort speziell verpackt. Die Verpackung lässt die Gase ausströmen, verhindert dahingegen aber, dass Sauerstoff an den Kaffee gelangt. Nach dem Röstprozess enthält der Kaffee alle Aromen, die ihn kennzeichnen (Zietemann 2011, 32).

Die gerösteten Bohnen sind allerdings noch nicht geeignet, um zu einem Getränk verarbeitet zu werden. Um die Aromen vollständig extrahieren zu können und die Bohnen weiterverarbeiten zu können, müssen sie gemahlen werden. Dies geschieht entweder direkt in der Rösterei oder im Haushalt des Endverbrauchers. Mittlerweile wird das Mahlen auch in Kaffeeläden angeboten. Die Bohnen werden beim Mahlen zerdrückt, zerschnitten und zerrieben, bis sie ein feines Pulver ergeben. Beim Mahlen brechen Zellen des Kaffees auf – ungewollte flüchtige Aromen und Kohlenmonoxid können die Bohne verlassen (Zietemann 2011, 35).

2.6 Inhaltsstoffe und physiologische Aspekte

Hauptbestandteile des Kaffees sind Koffein, Eiweiße, Kohlenhydrate, Fette und Mineralien. Je nach der Art des Anbaus können in Kaffee auch Rückstände von Pflanzenschutzmitteln enthalten sein, die aber laut dem Deutschen Kaffeeverband beim Rösten abgebaut werden oder im Kaffeesatz hängenbleiben (Neuberger 1988, 12).

Der entscheidende Bestandteil, der den Kaffee ausmacht, ist das Alkaloid Koffein. Es wirkt auf eine Vielzahl an Organen anregend, besonders auf das Herz, das Gehirn und das Zentralnervensystem. Dieser Wirkung verdankt der Kaffee seine Entdeckung. Koffein unterdrückt die Müdigkeit und steigert sowohl die körperliche als auch geistige Leistungsfähigkeit. Historisch betrachtet war dieser Effekt nicht immer erwünscht. Eine zu hohe Dosis kann zu einer Vergiftung führen, die sich in starker Müdigkeit und teilweise in Lähmungserscheinungen zeigt. Im Gegensatz zu Alkohol hat Koffein in Maßen keine gesundheitsschädigende Langzeitwirkung, da Koffein nicht im Körper angereichert wird und so auch nicht zu langfristigen Schädigungen oder Veränderungen im Organismus führen kann. Stand der Wissenschaft ist, dass Kaffee sogar gesundheitsfördernde Eigenschaften mit sich bringt (Zietemann 2011, 44).

Durch immer bessere Analyseverfahren konnten bis heute über 1.000 Inhaltsstoffe im Kaffee nachgewiesen werden. Darunter befinden sich beispielsweise Vitamine, Mineralstoffe und Antioxidantien, die einen positiven Effekt auf den Körper und seine Funktionen haben (Zietemann 2011, 44).

Kaffee kann das Herz stärken und senkt bei mäßigem Verzehr das Risiko für Herz-Kreislauf-Erkrankungen. Er sorgt zudem für eine bessere Ausdauer. Koffein erhöht die Aufmerksamkeit, verbessert das Kurzzeitgedächtnis und steigert die geistige Leistungsfähigkeit (Zietemann 2011, 45). Die im Kaffee enthaltenen Säuren und Bitterstoffe regen Magen und Darm an und sorgen für eine vermehrte Produktion von Gallen- und Magensaft (Zietemann 2011, 45).

3. Geschichte und Kultur des Kaffees

3.1 Entdeckung des Kaffees

Die Entdeckung des Kaffees ist historisch nicht belegt und basiert nur auf verschiedenen tradierten Legenden. Die bekannteste Legende handelt vom Maronitenmönch Naironus Banesius. Zu seiner Zeit stellten ansässige Hirten in der Region Kaffa im heutigen Äthiopien fest, dass ihre Tiere ungewöhnlich lebhaft waren und nicht müde wurden. Der Mönch beobachtete die Tiere und sah, wie sie von einer dunkelgrünen Pflanze mit grünen, gelben und roten Früchten fraßen. Banesius kochte sich aus diesen Pflanzen einen Sud und bemerkte bald ähnliche Symptome bei sich. Er wurde weniger schnell müde und fühlte sich deutlich angeregter. Aufgrund dieser Legende wird heute angenommen, dass die Region Kaffa die Urheimat der Kaffeepflanze ist (Zietemann 2011, 5).

3.2 Verbreitung des Kaffees in der Welt

Bereits im 12. und 13. Jahrhundert wurden vermutlich Kaffeepflanzen im Jemen angebaut (Zietemann 2011, 6). Zu dieser Zeit gab es bereits einen florierenden Handel mit Gewürzen. Bei der Schaffung neuer Handelswege stießen die Händler in Äthiopien auf Kaffeefrüchte, nahmen diese mit in ihre Heimat und kultivierten die ersten Kaffeeplantagen (Zietemann 2011, 6).

Ab der zweiten Hälfte des 15. Jahrhunderts gelangte der Kaffee in die arabische Welt. Es gilt als gesichert, dass das Kaffeetrinken zuerst von den Arabern kultiviert wurde (Neuberger 1988, 17). Der Kaffeekonsum wurde erstmals in einem Manuskript des Arabers Abd-al-Kefir im Jahr 1587 erwähnt. Kaffeegenuss hat in der arabischen Welt eine lange Tradition (Zietemann 2011, 6). Die arabische Welt sicherte sich ihr Kaffeemonopol dadurch, dass sie Kaffeebohnen vor dem Verkauf an Handelspartner mit heißem Wasser übergossen, um sie keimunfähig zu machen. So konnte niemand außer den Arabern Kaffee anbauen (Zietemann 2011, 6).

Mit der Expansion des Osmanischen Reiches ab dem 16. Jahrhundert gelangte der Kaffee von Mekka, Medina und Kairo nach Kleinasien, in die heutige Türkei, nach Syrien und in das südöstliche Europa (Zietemann 2011, 6).

Ab dem 17. Jahrhundert breitete sich der Kaffee immer weiter aus und wurde erstmals weitläufig kultiviert. Die Araber verloren ihr Monopol durch die Kolonialisierung, deren Vorreiter die Niederlande waren. Den Niederländern war es gelungen, keimfähige Bohnen zu exportieren.

Sie züchteten die Pflanzen und verbrachten sie dann in ihre Kolonien, um dort große Plantagen anzulegen (Zietemann 2011, 7).

Die erste systematische Kultivierung der Pflanze durch die Niederländer erstreckte sich von Ceylon, dem heutigen Sri Lanka, über Java, Timor und Sumatra bis nach Bali. Weitere Kolonialmächte wurden auf die Aktivitäten der Niederländer aufmerksam und begannen ebenfalls mit der Kaffeekultivierung (Zietemann 2011, 7).

Ab dem 18. Jahrhundert expandierte der Kaffeehandel schlagartig, da die Kolonialmächte ihre Kaffeepflanzen in jedes Land verteilten, in dem sie einigermaßen wuchsen (Zietemann 2011, 7). Zu dieser Zeit wurden unter anderem in Europa die ersten Kaffeehäuser eröffnet, in denen sich nach und nach eine eigene Kultur des Kaffeetrinkens entwickelte. Die Expansion des Kaffees verlief recht langsam von den urbanen Zentren in Richtung Land (Menninger 2004, 313). Kaffee wurde zu einem wichtigen internationalen Handelsgut (Zietemann 2011, 7).

Schon ein Jahrhundert später vereinfachte sich der Kaffeehandel deutlich. Das 19. Jahrhundert war geprägt von der voranschreitenden Industrialisierung. Die Erfindung der Dampfschifffahrt revolutionierte das Transportwesen, der Kaffee gelangte von nun an in immer größeren Mengen in immer mehr Länder (Zietemann 2011, 8).

Im 20. Jahrhundert war Kaffee schließlich beinahe für Jedermann zu moderaten Kosten erhältlich. Allerdings wurde der standardisierte Kaffee allmählich unspektakulär, weswegen immer neue Varianten und Modeformen kreiert wurden. 1901 erfand ein Japaner den löslichen Kaffee, der zu Beginn von der Firma Nestlé vermarktet wurde und so auch nach Deutschland gelangte (Zietemann 2011, 10). Schon fünf Jahre später gelang es das erste Mal, Kaffee zu entkoffinieren. Bekannt wurde das Produkt auf dem Markt unter dem Namen „Kaffee HAG". Als schließlich 1908 durch Melitta Bentz der Kaffeefilter erfunden wurde, konnte nunmehr jeder seinen Kaffee selbst zubereiten (Zietemann 2011, 10).

3.3 Verbreitung des Kaffees in Europa

Im mittelalterlichen Europa waren Wein und Bier die meistverzehrten Getränke. Ab dem 15. Jahrhundert breitete sich die Renaissance samt dem Ideal des Humanismus in Europa aus. Das neue Menschen- und Weltbild basierte auf Wissen und Vernunft (Neuberger 1988, 21). Alkoholische Getränke wirken auf den Menschen abstumpfend und einschläfernd und passten nicht mehr in das Bild des vernünftigen, produktiven Menschen. Allerdings diente es den hart arbeitenden Männern als kalorienreiches Nahrungsmittel, weswegen so recht niemand darauf verzichten wollte.

Erst als die Kartoffel das Bier als Kalorienspender ablöste, konnte der Kaffee als Genussmittel anstelle des Biers treten (Neuberger 1988, 23). Aus dieser Tatsache heraus kultivierte sich nun auch in Europa eine Trinkkultur.

Der Kaffee war für den Tag vorgesehen; er weckte morgens das Denken der Menschen, hielt sie mittags wach und diente nach Feierabend für ein gemütliches Beisammensein. Der Alkohol wurde nun vornehmlich nur noch in den Abendstunden verzehrt (Neuberger 1988, 23).

3.4 Der Kaffee erreicht Deutschland

Durch die Niederländer und ihren regen Kaffeehandel wurde der Kaffee schließlich auch in Deutschland bekannt. 1637 soll der Kaffee in Briefen von niederländischen Händlern an süddeutsche Geschäftspartner erstmals erwähnt worden sein (Neuberger 1988, 26). Über Frankreich gelangte der Kaffee erstmalig nach Deutschland und schon 1679 eröffnete in Hamburg das erste deutsche Kaffeehaus. Friedrich der Große sorgte sich um die Entwicklung. Er befürchtete, dass der Kaffee das Denken der Menschen anregen und verändern könnte und sie sich so gegen ihn stellen würden. Aus diesem Grund reglementierte er den Kaffeehandel bald mit Steuern und Einfuhrzöllen. Daneben führte er einen Brennzwang ein. Dieser besagte, dass nur staatliche Röstereien Kaffee rösten durften. Um dies zu kontrollieren und sein Staatsmonopol aufrecht zu erhalten setzte er sogenannte „Kaffeeschnüffler" ein. Diese liefen Streife durch die Wohnsiedlungen und achteten darauf, ob der Geruch von geröstetem Kaffee wahrnehmbar war (Zietemann 2011, 10).

Zunächst war der Kaffee nur all jenen Bürgern vorbehalten, die über genügend Geld verfügten. Das Kaffeetrinken war damit, anders als andere Genussmittel wie beispielsweise die Schokolade, nicht an verschiedene gesellschaftliche Stände gebunden.

Im Zuge der Industrialisierung wurde Kaffee immer mehr zur Massenware und auch bis dato ärmere Bevölkerungsschichten konnten ihn sich nun leisten. Bereits um das Jahr 1850 war Kaffee zum Volksgetränk geworden. Nach dem Zweiten Weltkrieg stand er symbolisch für den Wiederaufbau und das Wirtschaftswunder. Kaffee trinken hieß dann wieder, sich etwas leisten zu können. Aus dem alltäglichen Leben des 21. Jahrhundert ist der Kaffee praktisch nicht mehr wegzudenken (Zietemann 2011, 10).

3.5 Kaffeehauskultur in Europa

Als der Kaffee Europa erreichte, entstanden zeitgleich in den Metropolen dieser Zeit die zum Teil heute noch bestehenden Kaffeehäuser. Sie waren in erster Linie Orte, an denen die Reichen und Mächtigen ihre Geschäfte aushandelten und besiegelten. Überlieferte Regeln aus einem Londoner Kaffeehaus belegen, dass es nicht nur gewissen Ständen vorbehalten war, ein Kaffeehaus zu besuchen.

In Zeiten des beginnenden Kapitalismus durfte jeder in das Kaffeehaus kommen, der zahlungsfähig war. Privilegiert waren daher Wohlhabende und reiche Kaufleute, denn Kaffee war ein sehr teures Gut. Das Kaffeehaus war Kommunikationszentrum, Informationsbörse und Gerüchteküche zugleich (Neuberger 1988, 28). Man konnte die dort ausliegenden Zeitungen studieren oder auch Probleme aus Gesellschaft, Politik und Wirtschaft diskutieren. Eine Tasse Kaffee zu bestellen genügte, um so lange im Kaffeehaus zu verweilen, wie man wünschte. Oftmals wurden bei einer Tasse Kaffee neue Geschäfte abgeschlossen. Bekannt wurden die Kaffeehäuser auch durch die Literaten, die diese Häuser oftmals zu ihren Wirkungsstätten machten (Neuberger 1988, 28).

Der Herausgeber eines damaligen Wochenblattes nutzte sogar die Anschrift eines Kaffeehauses als Redaktionsanschrift (Neuberger 1988, 28).

In Deutschland war diese Kaffeehauskultur nicht so stark ausgeprägt wie im restlichen Europa und, deutlich hervorgehoben, in Wien, der österreichischen Hauptstadt.

Einer der bedeutendsten Besucher eines Leipziger Kaffeehauses war der Musiker Johann Sebastian Bach (Baxter 1987,8). 1734 komponierte er im Zimmermannschen Kaffeehaus seine Kaffeekantate (Neuberger 1988, 30).

Kaffeehäuser waren Treffpunkte für die reichen Bevölkerungsschichten, für gut betuchte Leute, die sich das Kaffeetrinken leisten konnten und dies auch zeigen wollten. Kaffee zu trinken galt als Statussymbol. Im Gegensatz zum gewöhnlichen Volk griff der reiche Mann nicht zum abstumpfenden Alkohol, sondern zum anregenden Kaffee. Viele Gelehrte, Philosophen, Schriftsteller und Künstler waren Besucher der Kaffeehäuser (Zietemann 2011, 8). Man bewegte sich im Kaffeehaus stets in der elitären Schicht; sei es dadurch, dass man über die nötigen finanziellen Mittel verfügte oder dadurch, dass man zudem noch über eine angemessene Bildung verfügte. Die Kultur des Kaffees bestand letztlich darin, dass man überhaupt welchen trinken konnte. Kultiviert wurde das Kaffeetrinken dadurch, dass das Getränk mit der Zeit auch vermehrt mit Milch und einem Glas Wasser gereicht wurde. Kaffee trank, wer es zu etwas gebracht hatte. Als der Kaffee später günstiger wurde und auch private Haushalte vermehrt Kaffee tranken, verschwand die Kaffeehauskultur allmählich. Der Kaffee zum Frühstück und das Kaffeekännchen am Nachmittag prägten die biedermeierliche Art der Bürger (Neuberger 1988, 30). Nun tranken nicht nur all jene Kaffee, die das Geld dazu hatten, sondern all jene, die ein gut bürgerliches Leben führten.

Dazu gehörte es auch, dass Geselligkeit im kleinen Rahmen im privaten Zuhause gepflegt wurde, bevorzugt bei einem Kaffeekränzchen (Neuberger 1988, 30).

Auch das Geschäftsleben verlagerte sich mehr und mehr in private Räume. Ins Kaffeehaus ging man gelegentlich noch, um einen getätigten und beschlossenen Handel zu feiern (Neuberger 1988, 30). Das Kaffeehaus mit seiner Kultur als Treffpunkt ging mehr und mehr in der Kultur des Biedermeier unter.

Einzig in Wien konnte sich die Kaffeehauskultur, wenn auch in abgeschwächter Form, bis heute erhalten. Das Wiener Café steht nach wie vor für geruhsame Geschäftigkeit und Muße (Neuberger 1988, 32).

4. Kaffeekultur im 21. Jahrhundert

Wenn man bedenkt, dass jeder Deutsche statistisch rund 150 Liter Kaffee im Jahr trinkt, dann wird deutlich, dass das Getränk auch heute noch einen hohen Stellenwert innehat (Zietemann 2011, 10). Kaffee ist weiterhin das Volksgetränk, noch vor Bier und Wasser. Mehr als 80 Prozent der Bevölkerung trinken regelmäßig Kaffee (Hoffmann, 26.04.2013), mehr als 90 Prozent entscheiden sich jeden Morgen für Kaffee (Todzi-Pesch, 26.04.2013). Der klassische Filterkaffee wird zwar immer noch bevorzugt, aber das Konsumverhalten hat sich in den letzten Jahren durch immer neue Zubereitungsarten und Kaffeekreationen verändert. Das Angebot ist wesentlich vielfältiger geworden. Von der Tankstelle bis zum Stehcafé bekommt man praktisch überall Kaffee angeboten. In den urbanen Zentren wird Kaffee von zahlreichen Kiosken, Bäckereien, Eiscafés und Imbissen zu günstigen Preisen angeboten (Hoffmann, 26.04.2013).

Einer der jüngsten Trends ist der Coffee to go. Der Konsument bekommt den Kaffee im praktischen Pappbecher und kann ihn im Vorbeigehen trinken, was seiner Funktion als „Muntermacher" zugutekommt (Hoffmann, 26.04.2013). Im heutigen hektischen und schnelllebigen Alltag wird dieses Angebot sehr gut angenommen, man bedenke nur das typische Bild der gestressten Geschäftsfrau; in einer Hand ihr Telefon, in der anderen Hand ihr Coffee to go.

Hat man sich in früheren Jahrhunderten noch die Zeit genommen, bei einer Tasse Kaffee gemütlich beisammen zu sitzen, Zeitung zu lesen und Geschäfte zu besprechen, so ist dieses Verhalten heute deutlich abgeschwächt. Die Kaffeehäuser wurden abgelöst von modernen Café-Bars und stylischen Coffee Shops (Zietemann 2011, 9). Stellenweise ist die Kaffeekultur früherer Zeiten allerdings auch heute noch anzutreffen.

Kaffee wird weiterhin zu Hause im Kreis der Familie getrunken. Viele Menschen der älteren Generationen verzichten nicht auf ihr tradiertes Kaffeekränzchen am Sonntag. Vergleichbar ist dieses Verhalten durchaus mit der Kaffeekultur der Biedermeier-Zeit.

Auch die Kaffeehauskultur, wie oben angesprochen, ist teilweise heute noch anzutreffen. Man nimmt sich wieder öfter die Zeit, gemeinsam Kaffee trinken zu gehen. Gemütliche Café-Besuche sind nicht ganz aus der Mode gekommen, auch wenn sie weniger Geschäftsabschlüssen dienen als einer Freizeitbeschäftigung.

Durch die lange deutsche Kaffeekultur, die bis heute überdauert hat, sind die Konsumenten anspruchsvoll geworden (Todzi-Pesch, 26.04.2013). Vom Espresso über den Latte Macchiato bis hin zum Cappuccino ist die Produktpalette die letzten Jahre enorm vergrößert worden. Die Kaffeeanbieter passen sich mit immer neuen Kreationen und Entwicklungen diesem Lebensstil der jetzigen Generation an.

Kaffeekultur bedeutet heute nicht mehr, überhaupt Kaffee zu trinken. Der Kaffee ist kein direktes Statussymbol mehr.

Vielmehr geht es heute darum, was und wie man es trinkt. Teure Rohkaffees, edles Kaffeegeschirr oder hochwertige Kaffeemaschinen haben den reinen Kaffee als Statussymbol abgelöst. Wer was auf sich hält fragt heute seinen Gast, welche Art der Zubereitung oder welche Kaffeekreation er bevorzugt.

Die kulturelle Bedeutung des Kaffees als ein Mittel zur Selbstdarstellung, als aufweckendes Getränk und als Stoff, der Menschen verbindet, hat sich kaum geändert. Die Kultur des Kaffeetrinkens, das wie, wann und warum hat sich dagegen in eine andere Richtung bewegt.

In wenigen Jahren hat der Kaffee eine bedeutende kulturelle Entwicklung vom teuren und exklusiven Handelsgut zum Lifestyle-Produkt durchlaufen.

5. Diskussion und Schlussfolgerung

Vergleicht man die historische Entwicklung des Kaffees mit den heutigen Gegebenheiten dann wird klar, dass der Kaffee auch heute noch einen hohen Stellenwert hat. In früheren Zeiten war man schon durch die Tatsache privilegiert, sich Kaffee überhaupt leisten zu können. Heute ist Kaffee ein Volksgetränk und nahezu für jeden bezahlbar. Man bekommt Kaffee nicht mehr nur in speziellen Kaffeehäusern, sondern praktisch überall. Die Entwicklung hat sich vom gemütlichen Beisammensein und Kaffeetrinken überwiegend in die Richtung des Coffee to go, dem schnellen Kaffee im Vorbeigehen, entwickelt. Dennoch sind tradierte Verhaltensweisen auch heute noch zu erkennen. Das Kaffeekränzchen am Sonntag erinnert an die Zeit des Biedermeier, in der sich die Menschen zumeist in ihr Privatleben zurückzogen. Auch ist es unter Geschäftspartner noch üblich, sich auf einen Kaffee zu treffen. Zudem hat sich der Kaffee in vielen weiteren Situationen des alltäglichen Lebens seinen Platz gesichert. Da wären beispielsweise der Kaffee zum Frühstück, als Pausengetränk an der Arbeit oder nach Feierabend zu Hause oder auch mit Bekannten außer Haus. Kaffee verbindet nach wie vor Menschen. Auffällig ist, dass Kaffee in früheren Zeiten hauptsächlich wegen seiner anregenden Wirkung verzehrt wurde. Heute hat Kaffee auch eine Bedeutung als entspannendes Getränk, obwohl er diese Wirkung physiologisch nicht hat.

Die heutigen Kaffeekonsumenten sind deutlich anspruchsvoller als früher. Zwar ist der Filterkaffee nach wie vor die Hauptart, Kaffee zu trinken, doch drängen immer mehr Kreationen wie Latte Macchiato oder Cappuccino und ähnliches auf den Markt. Der Kaffee soll gut schmecken, appetitanregend aussehen und dazu noch einen günstigen Preis haben. Immer mehr Verbraucher legen zudem Wert auf das Thema Nachhaltigkeit. Ein Negativbeispiel ist in diesem Fall der Coffee to go, bezogen auf die Müllmengen und die Umweltverschmutzung, die durch die ausgeteilten Pappbecher verursacht werden.

In den letzten Jahren immer bekannter werden auch Nachhaltigkeitsprogramme wie Fairtrade, als ein Beispiel. Nachhaltige Entwicklung bedeutet, wirtschaftliche, soziale und ökologische Ziele in ein ausgewogenes und stabiles Gleichgewicht zu bringen (Zietemann 2011, 39). Aus diesem Ansatz heraus sorgen Organisationen wie, beispielsweise, Fairtrade für einen nachhaltigen Kaffeeanbau. Ziele sind unter anderem eine angemessene Einkommenssituation und verbesserte Lebensbedingungen für die Kaffeebauern und ihre Familien (Zietemann 2011, 39). Soziale Belange in Bezug auf Medizin und Bildung sowie Umweltschutz durch den Erhalt und den Schutz von angestammten Tier- und Pflanzenarten sind weitere wichtige Gesichtspunkte (Zietemann 2011, 39). Werden solche Ziele beachtet, erhalten die Produzenten ein Siegel der jeweiligen prüfenden Organisation. Konsumenten haben so heute die Möglichkeit, beim Kaffeekauf eine bewusste Entscheidung zu treffen, da sie Produkte aus einem nachhaltigen Anbau sofort erkennen können.

Literaturverzeichnis

Baxter, Jackie (1987): Das Kaffee-Buch. Hamburg: XENOS-Verlagsgesellschaft.

Hoffmann, Hanno (2013): Die Kaffeekultur in Deutschland. Hg. v. Hanno Hoffmann. Regesbostel. Online verfügbar unter http://www.wirtschafts-butler.de/die-kaffeekultur-in-deutschland/, zuletzt geprüft am 26.04.2013.

Menninger, Annerose (2004): Genuss im kulturellen Wandel. Tabak, Kaffee, Tee und Schokolade in Europa (16. - 19. Jahrhundert). 1. Aufl. Stuttgart: Franz Steiner Verlag.

Neuberger, Günter (1988): Zum Beispiel Kaffee. 1. Aufl. Göttingen: Lamuv-Verlag.

Todzi-Pesch, M. (2009): Kaffeekultur. Unterwegs, zuhause und am Arbeitsplatz. Hg. v. Camatec. Online verfügbar unter http://www.camatec.de/media/docs/vivare-camatec-april-2009.pdf, zuletzt geprüft am 26.04.2013.

Zietemann, B. (2011): Die Welt des Kaffees. Ein kompakter Überblick. Hamburg.